El ciclo de vida de la ARAÑA

Bobbie Kalman y
Kathryn Smithyman

Un libro de la corona de Crabtree

Crabtree Publishing
crabtreebooks.com

El ciclo de vida de la ARAÑA

Autora y editora en jefe Bobbie Kalman

Editoras Niki Walker, Amanda Bishop

Diseño Rhea Wallace

Consultora Patricia Loesche, Ph.D., Programa sobre el comportamiento de animales, Departamento de Psicología, University of Washington

Fotografías Shutterstock

Crabtree Publishing

crabtreebooks.com 800-387-7650

P A P

Published in Canada
Crabtree Publishing
616 Welland Ave.
St. Catharines, Ontario
L2M 5V6

Published in the United States
Crabtree Publishing
347 Fifth Ave
Suite 1402-145
New York, NY 10016

Hardcover: 978-1-0398-6502-0
Paperback: 978-1-0398-6571-6
Ebook (pdf): 978-1-0398-6640-9
Epub: 978-1-0398-6709-3
Audio: 978-1-0398-6772-7
Read-Along: 978-1-0398-6835-9

Production manager: Candice Campbell
Printed in the U.S.A./CP102025

Contenido

¿Qué es una araña?

Las arañas son ***depredadores****, es decir, cazadores. Esta araña cangrejo se está alimentando de una avispa que acaba de atrapar.*

Las arañas no son insectos, sino **arácnidos**. Los insectos tienen seis patas y su cuerpo se divide en tres secciones; en cambio, los arácnidos tienen ocho patas y su cuerpo se divide en dos secciones: el **abdomen** y el **cefalotórax**. En la ilustración de la izquierda puedes ver que las dos secciones del cuerpo están unidas por una cintura diminuta.

Artrópodos

Tanto los arácnidos como los insectos son **artrópodos**. La palabra "artrópodo" significa "patas con bisagras". Todos los artrópodos tienen articulaciones que se doblan. Además, son **invertebrados**, es decir que no tienen columna vertebral. En cambio, tienen una cubierta dura llamada **exoesqueleto**

Primer plano de una araña

El cefalotórax de la araña está formado por la cabeza y el **tórax**, o parte superior del cuerpo. El abdomen contiene los órganos internos y las glándulas productoras de seda. Todas las arañas producen seda con estas glándulas.

abdomen

cefalotórax

*La araña tiene dos mandíbulas o **quelíceros**. En la punta de cada uno hay un colmillo. La araña usa los colmillos para inyectar **veneno** y chupar el alimento.*

Todas las arañas tienen ocho patas.

*Las arañas usan sus dos **palpos** para sostener a la presa. Los machos también los usan para **aparearse**.*

La mayoría de las arañas tienen ocho ojos, pero algunas tienen dos, cuatro o seis. ¡Algunos tipos de arañas no tienen ojos!

Los parientes de las arañas

Los ácaros, escorpiones y las arañas de patas largas también son arácnidos.

Los ácaros son diminutos. Su cuerpo parece tener una sola sección, pero en realidad tiene dos. Muchos viven y se alimentan bajo tierra y entre las hojas caídas.

*El cuerpo del escorpión también tiene dos secciones. Su abdomen tiene muchos **segmentos** pequeños. El último segmento de la cola es el aguijón.*

La araña de patas largas tiene quelíceros diminutos. El cefalotórax y el abdomen están unidos por una cintura ancha.

Todo tipo de arañas

Las arañas han vivido en la Tierra desde hace más de 300 millones de años. Se las puede encontrar en todas partes del mundo, excepto en la Antártida. Viven en cuevas, pantanos, campos y desiertos. Muchas viven en los bosques.

Los científicos han identificado casi 35,000 **especies** o tipos de arañas. Puede haber miles más que todavía no se han descubierto. Las arañas pueden tener una gran variedad de tamaños y colores. Sólo la mitad teje telarañas.

Heteropoda venatoria

araña lobo

araña saltarina

araña cangrejo

araña reclusa parda

Dinopis golpaerensis

Araneus marmoreus

Ordgarius magnificus

viuda negra

Ummidia

tarántula de patas rojas

¿Qué es un ciclo de vida?

Las hembras, como esta Argiope aurantia, *suelen vivir más que los machos.*

Todos los animales pasan por un **ciclo de vida**. El ciclo de vida está formado por **etapas** o cambios en la vida de un animal. Primero, el animal nace o sale de un huevo. Luego crece y cambia hasta que se convierte en adulto y puede tener cría. Cuando un animal tiene cría, un nuevo ciclo de vida comienza. Todas las arañas pasan por estas etapas durante su ciclo de vida. Algunas lo hacen más rápidamente que otras, según su **período de vida**.

Período de vida

El período de vida de un animal es el tiempo en que está vivo. La mayoría de las arañas viven uno o dos años. Algunas arañas grandes, como las tarántulas y las Ummidia, pueden vivir hasta 20 años. Pasan por su ciclo de vida más lentamente que las arañas pequeñas.

El ciclo de vida de la araña

Todas las arañas comienzan su vida dentro de un huevo que pone la hembra. Los huevos se encuentran dentro de una **ooteca**. Las **crías** de las arañas salen del huevo dentro de la ooteca. Poco después abandonan la ooteca y comienzan a cazar para alimentarse. Se convierten en arañas jóvenes que viven independientemente. Cazan y crecen. Al crecer, la araña tiene **mudas** o cambios de exoesqueleto. La antigua cubierta se reemplaza por una más grande. Cuando la araña está **madura** o ha llegado a la etapa adulta, busca una pareja y produce crías propias.

En el huevo

Los huevos de las arañas son diminutos y redondos. La mayoría sólo mide 1/25 de pulgada (1 mm) de diámetro.

Cada tipo de araña hace una ooteca distina. Algunas ootecas parecen de papel y otras están cubiertas con una malla pegajosa. Otras pocas son muy duras.

Antes de poner los huevos, las arañas producen telarañas de seda. Algunas ponen unos pocos huevos en su tela, pero la mayoría de las arañas ponen miles. Luego los envuelven con más seda para formar las ootecas.

Las ootecas

La ooteca sirve para proteger a los huevos del estado del tiempo y de los depredadores. Muchos tipos de insectos y animales, incluso otras arañas, tratan de comer huevos de araña.

Dentro del huevo

Dentro de cada huevo, la **yema** le suministra **nutrientes** a la araña en desarrollo. La cría vive de esos nutrientes mientras su cuerpo crece. Cuando el huevo le queda pequeño, sale de él.

Proteger los huevos

La mayoría de las arañas no vigilan los huevos, pero los protegen de otras maneras. Muchas arañas tejedoras cuelgan las ootecas de hojas o ramas para ocultarlas y mantenerlas fuera del alcance de los depredadores. Las que no tejen telarañas, las entierran u ocultan debajo de hojas o piedras. Las que viven en **madrigueras** o huecos en el suelo las conservan ahí. Las arañas lobo y las pescadoras que ves aquí protegen sus ootecas pegándoselas a su cuerpo.

La viuda negra pone muchos huevos. Los envuelve en varias capas de seda.

araña pescadora

Salida del huevo

Las crías están listas para nacer pocas semanas después de que la hembra pone los huevos. Los rompen usando un bulto agudo que tienen en la base de los palpos. Después, ese bulto se cae. Las arañitas todavía no tienen color y su cuerpo no se ha terminado de formar. No se pueden mover ni comer, así que continúan viviendo de la yema. Permanecen dentro de la ooteca para crecer un poco más y tienen un par de mudas antes de estar listas para salir. Las arañitas de jardín que ves arriba ya tienen color y están casi listas para abandonar la ooteca.

En espera

Las arañas que viven en zonas frías pueden suspender temporalmente su ciclo de vida. Esta pausa o descanso en el desarrollo se llama **diapausa**. Si las arañas ponen los huevos en otoño, las arañitas no se comenzarán a desarrollar hasta que el calor regrese en la primavera. Las crías que todavía están dentro de la ooteca cuando llega el otoño también esperan a la primavera antes de continuar desarrollándose.

Estas crías de viuda negra seguirán juntas hasta que tengan el tamaño y la fuerza suficientes para dejar la ooteca.

Un rato con mamá

La mayoría de las crías permanecen en grupo los primeros días después de abandonar la ooteca. Muchas están solas, sin la madre. Sin embargo, algunas especies de araña cuidan a sus crías. La madre las alimenta y las protege en un nido de seda. Comparte su alimento con las crías hasta que son lo suficientemente grandes para vivir y cazar sin ayuda.

Las arañas lobo recién nacidas se arrastran sobre el cuerpo de la madre. Ésta las protege y alimenta durante casi diez días.

Dispersión de las arañas

La mayoría de las arañas viven juntas sólo mientras están en la ooteca. Las arañas son depredadores, así que en cuanto pueden cazar, se convierten en una amenaza para las demás arañas. Por eso deben **dispersarse** o separarse para evitar que otras se las coman. Algunos tipos de arañas se dispersan apenas unos días después de salir de la ooteca, mientras que otras permanecen juntas un par de semanas más. Cuando las crías se alimentan solas por primera vez, suelen comer insectos diminutos. ¡La primera comida de las crías de Amaurobius fenestralis es el cuerpo de su madre!

Estas crías de araña de jardín se dispersan tan pronto salen del huevo. Algunas tienen tanta hambre que se comen a sus hermanas antes de irse.

A volar

Algunas crías abandonan la ooteca por **aerostación**, es decir, viajando por el aire. Para ello, la araña se balancea en dos patas, levanta el abdomen y lanza una delgada hebra de seda al aire. El viento arrastra la seda y se lleva a la araña por el aire. En primavera se pueden ver miles de arañas jóvenes volando. No todas las crías se van de esta forma cuando salen de la ooteca. Muchas simplemente se van caminando a empezar su vida independiente.

Las arañas que se dispersan por aerostación llegan a lugares distintos. Algunas llegan muy lejos de donde nacieron. ¿Dónde crees que aterrizarán estas arañitas?

Cambio de piel

El duro exoesqueleto de las crías no crece ni se estira junto con la araña. La cría debe mudar el exoesqueleto para poder crecer. Ahorra su energía para la muda comiendo muy poco y quedándose muy quieta. Una muda puede tardar desde quince minutos hasta todo un día. Cuando tiene una muda, un exoesqueleto blando nuevo está esperando debajo del viejo. El nuevo exoesqueleto demora un poco en endurecerse Hasta entonces, la araña tiene tiempo de crecer.

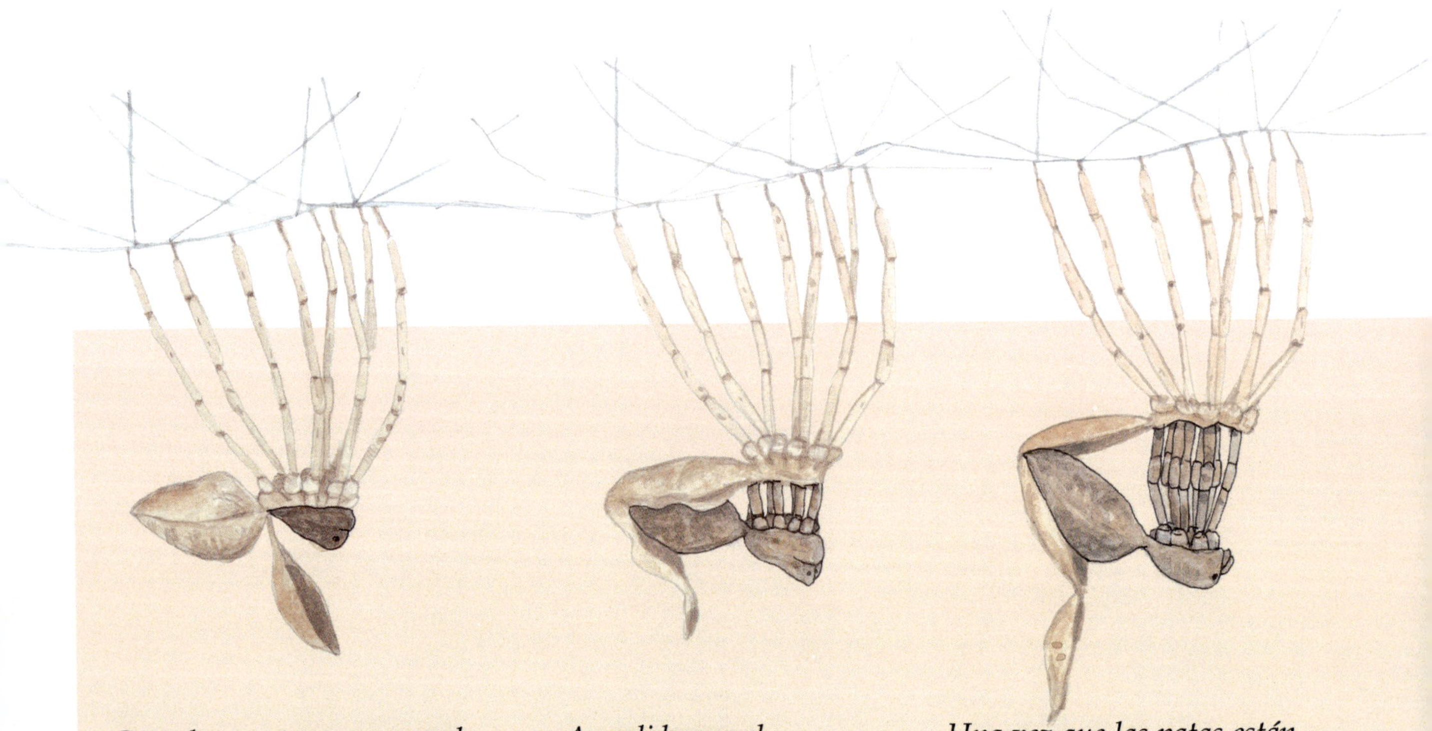

Cuando va a tener una muda, la araña tejedora se cuelga de una hebra de seda. Su cuerpo se llena de líquido y el exoesqueleto se abre por el borde del cefalotórax.

A medida que el exoesqueleto se abre a lo largo del abdomen, la araña comienza a mover las patas para sacarlas de la piel vieja.

Una vez que las patas están libres, la araña permanece colgada hasta que el nuevo exoesqueleto se endurece. Después, trepa por encima de la piel vacía hacia la telaraña.

¡Cuidado!

La araña debe tener mucho cuidado cuando suelta su exoesqueleto viejo. Su cuerpo es blando y tan frágil que si una de las patas se atascara, la araña se la podría arrancar por accidente. Si una araña pierde una pata durante una muda, ésta se puede **regenerar**, es decir, le puede crecer otra pata en la próxima muda. Sin embargo, si pierde una pata durante la última muda, se quedará con una pata menos.

Las arañas que no tejen telarañas, como esta tarántula de patas rojas, se acuestan de espaldas para cambiar de piel. Las que tienen un período de vida largo tienen mudas continuamente, incluso después de haber terminado de crecer.

Un momento difícil

Sin la piel dura, el cuerpo de la araña es pálido y blando. No tener exoesqueleto es muy peligroso porque la araña no tiene protección contra los depredadores. Hasta que el nuevo exoesqueleto se seque y endurezca, la araña no se podrá mover, comer, ni defenderse. Si un depredador la encuentra cuando la piel todavía está blanda, se la puede comer fácilmente. La *Heteropoda venatoria* de la izquierda ha terminado la muda y se aleja rápidamente, dejando atrás su viejo exoesqueleto.

La Frontinella communis *macho de la izquierda es más pequeña que la hembra de la derecha.*

Adulta por fin

La araña se convierte en adulta cuando deja de crecer y puede tener cría. Las arañas pequeñas con períodos de vida cortos se convierten en adultas pocas semanas después de salir del huevo. Las más grandes, que viven mucho tiempo, pueden tardar hasta diez años en terminar de crecer. Los machos se convierten en adultos antes que las hembras.

Machos y hembras

En la mayoría de las especies, las hembras adultas no se parecen a los machos. Las hembras suelen ser mucho más grandes y tienen un abdomen grande. Los machos tienden a ser pequeños y a tener más colores.

Lu viuda negra macho es tan pequeña que la hembra suele confundirlo con un insecto cuando él trata de acercársele en la telaraña.

La viuda negra hembra es un gigante comparada con su compañero. Su gran abdomen está lleno de huevos.

Tener crías

El macho toca la telaraña de la hembra para producir **vibraciones** que la hembra reconocerá antes de que él se le acerque.

En cuanto las arañas están maduras, comienzan a buscar pareja. La mayoría de las arañas adultas son **solitarias**. El único momento en que se agrupan es para aparearse.

Planear con anticipación

El macho se prepara para aparearse incluso antes de encontrar una pareja. Primero, teje una telaraña pequeña y pone una gota de **esperma** de su cuerpo en los hilos de seda. El esperma es un líquido que **fecunda** los óvulos de la hembra para que crezcan crías dentro de ellos. Luego el macho chupa el esperma con la punta de los palpos, que están preparados para guardar el líquido. Los palpos ahora están **cargados** y el macho está listo para salir a buscar compañera.

Buscar por todos lados

El macho debe dejar su escondite acostumbrado para salir en busca de la hembra. A menudo la encuentra siguiendo el aroma que ella deja en la telaraña y en el **hilo de seguridad** (ver página 23). Si observas a una araña caminando por ahí, probablemente sea un macho buscando pareja. ¡No lo toques! Si puedes mirarlo bien, trata de ver si es en realidad un macho. Lo reconocerás por los palpos grandes.

Cortejo cuidadoso

El macho tejedor se acerca a la hembra con precaución para que ésta no lo confunda con una presa. Los machos de cada especie tienen muchas maneras de hacerles saber a las hembras que se están acercando para aparearse y no para servir de alimento. Algunos tocan la tela de determinada forma. Otros le llevan a la hembra un regalo de alimento envuelto en seda y luego se aparean con ella mientras está distraída.

¡Mírame!

Este macho está buscando a una hembra. Sus palpos están llenos de esperma. Algunas arañas de tierra machos mueven los palpos o hacen bailes de cortejo para atraer a la hembra.

Los palpos de los machos tienen bolsas que contienen el esperma.

Hilar seda

La araña Atrax robustus *se oculta en el tubo en el centro de su telaraña, que usa para atrapar insectos.*

Todas las arañas hilan seda, aunque no tejan telarañas. Necesitan la seda para sobrevivir. La usan para proteger los huevos, construir su casa y atrapar a la presa. Puedes leer más sobre la caza en las páginas 24 y 25.

Hogar, sedoso hogar

Las arañas construyen su hogar con seda. Algunas tejen telarañas y viven en ellas. Otras viven en túneles de seda rodeados de telarañas. Las tarántulas y otras arañas grandes suelen vivir en madrigueras subterráneas. Forran la madriguera con seda para que los muros sean más fuertes. Muchas ocultan la entrada de la madriguera con una lámina de seda.

Las madrigueras les sirven para ocultarse de los enemigos y protegerse del estado del tiempo.

Hilos salvavidas

Muchas arañas arrastran una hebra de seda, llamada hilo de seguridad, mientras caminan de un lugar a otro. Si la araña se cae o salta para escapar de un enemigo, usa este hilo de la misma manera en que un escalador usa un cable de seguridad para evitar una caída. La araña se cuelga del hilo y luego trepa de nuevo cuando ha pasado el peligro.

Producción de seda

Hay siete tipos de seda de araña, pero ninguna araña puede fabricar los siete tipos. Las arañas producen la seda en el abdomen. Cuando está dentro del cuerpo de la araña, la seda es un líquido. La araña exprime la seda a través de las glándulas que la producen. A medida que el líquido sale, se seca y forma una elástica hebra de seda. La araña tira de ella a medida que sale de las glándulas. Cuanto más tira la araña, más fuerte se vuelve la seda. La seda de araña es uno de los materiales más resistentes del mundo en comparación con su diámetro. Si un hilo de seda tuviera el diámetro de un lápiz, sería más fuerte que una barra de acero del mismo diámetro.

Atrapar el alimento

Las telarañas en círculo cuelgan entre las ramas y atrapan a los insectos que vuelan hacia ellas.

Las arañas son depredadores feroces. Se alimentan principalmente de insectos como hormigas, abejas, avispas, escarabajos, polillas, mariposas y saltamontes. Algunas hasta atacan y se comen otras arañas. Las arañas grandes comen aves, ratones, lagartos, ranas, serpientes y peces.

Telarañas bien hechas

Cerca de la mitad de las arañas tejen telarañas para atrapar a su presa. Algunas las tejen entre hojas o ramas, donde los insectos que vuelan no las ven hasta que es demasiado tarde. Los insectos quedan atrapados y no pueden escapar. Otras arañas tejen telarañas gruesas que son como hojas o hamacas. Esperan a que un insecto aterrice o camine sobre la telaraña y se quede pegado.

La araña se confunde con el tronco del árbol en el cual descansa. Su presa no la ve hasta que es demasiado tarde.

¡Te atrapé!

Las arañas que no tejen telarañas se ocultan y sorprenden a la presa, o se le acercan sin que se dé cuenta y la atrapan. Algunas usan **camuflaje**, o colores que se mezclan con su entorno, y esperan a que la presa se acerque. Otras se ocultan en su madriguera y salen para sorprender a la presa. Algunas arañas, como la *Peucetia viridans* que ves aquí, **acechan** a su presa. Cuando sienten que la presa está cerca, la siguen hasta que pueden atraparla o saltar sobre ella. Las arañas que cazan tienen buena vista y por lo general tienen muchos ojos grandes.

Esta Peucetia viridans *pronto atrapará y se comerá a la araña saltarina. Las arañas siempre están en busca de algo para comer, aunque se trate de otras arañas.*

Alimentarse de la presa

Todas las arañas producen veneno. **Paralizan** a la presa mordiéndola e inyectándole veneno en el cuerpo a través de los colmillos. Las presas paralizadas no se pueden mover para escaparse ni defenderse. Las arañas pueden comerse la presa inmediatamente o envolverla en seda y guardarla para comérsela más tarde.

Muchas arañas, como esta Argiope, *cazan presas de su tamaño o más grandes.*

Arañas chupadoras

Las arañas no mastican su alimento. Usan unos jugos especiales para **disolver** las partes blandas del cuerpo del animal y convertirlas en líquido. Algunas se los inyectan a la presa, y otras abren la presa con sus mandíbulas y escupen el jugo en su cuerpo. Cuando el interior del animal se convierte en líquido, las arañas lo chupan a través de los colmillos. ¡Todo lo que queda cuando la araña ha terminado es un cascarón vacío!

Peligros que corren las arañas

Las arañas de todo el mundo están en peligro de perder su **hábitat** a medida que las personas despejan zonas naturales para ampliar las ciudades y las granjas. Al igual que los animales, las arañas sufren y mueren cuando su hábitat natural se contamina.

La tierra, el agua y el aire del mundo se contaminan cada vez más con gases venenosos y desechos tóxicos que provienen de las fábricas y los autos.

Hábitat en peligro

Los millones de arañas que viven en el bosque tropical húmedo corren especial peligro. Todos los días se queman acres enteros de estos bosques. Los científicos creen que aún no se han descubierto muchas especies de arañas de este hábitat. Les preocupa que algunas de estas especies se **extingan** antes de que nos enteremos de que existen. Una especie extinta deja de existir para siempre.

Pesticidas

Las arañas se comen las plagas que se alimentan de las plantas, como moscas y larvas de insectos. Cuando las personas rocían las plantas y las cosechas con pesticidas para matar a las plagas, también matan las arañas. Si no hay arañas, muchos tipos de insectos vuelven rápidamente a las plantas. Algunos agricultores reaccionan rociando más pesticidas, lo que puede acabar con las poblaciones de arañas y perjudicar a todos los animales.

Cómo ayudar a las arañas

Si les tienes miedo a las arañas, no eres el único. Mucha gente les tiene miedo por su veneno o por su aspecto. Las arañas son una parte importante del mundo natural, y la gente debe aprender sobre llas y observarlas para no tenerles miedo.

Aprende sobre las arañas

El veneno de las arañas es tóxico, pero sólo es mortal para otras arañas, insectos y animales de los cuales se alimentan. Muy pocas arañas tienen el tamaño o el veneno suficiente para lastimar a una persona. Si vives en una zona donde hay arañas venenosas grandes, aprende sobre su comportamiento y evítalas siempre que puedas.

Veneno valioso

Los investigadores usan veneno de araña para crear tratamientos contra las mordeduras peligrosas de estos animales. Estos **antídotos** hacen que vivir cerca de las arañas venenosas sea menos riesgoso. Algunos científicos también usan toxinas de araña para producir otros medicamentos. Piensan que estas toxinas pueden usarse para ayudar a personas que sufren ciertas enfermedades, como cáncer y enfermedades del corazón.

Glosario

Nota: Es posible que las palabras en negrita que están definidas en el libro no aparezcan en el glosario.

abdomen Parte del cuerpo de un arácnido que contiene los órganos principales

acechar Seguir a la presa y acercársele sin que se dé cuenta

antídoto Líquido que contiene pequeñas cantidades de veneno de araña y que se usa para tratar las mordeduras peligrosas de araña

aparearse Unirse para tener cría

cefalotórax Parte del cuerpo de la araña formado por la cabeza y la parte superior del cuerpo

depredador Animal que caza y mata a otros animales

disolverse Convertirse en líquido

fecundar Agregar esperma a un óvulo para que se pueda formar una cría

hábitat Lugar natural en el que se encuentra una planta o animal

hilo de seguridad Hilo de seda que una araña fija a un lugar seguro y que le permite saltar o dejarse caer sin peligro

ooteca Bolsa blanda en la que la araña pone los huevos

Índice